鄂尔多斯
蒿属植物图鉴

高秀芳　郭振瀚　著

中国农业科学技术出版社

图书在版编目（CIP）数据

鄂尔多斯蒿属植物图鉴 / 高秀芳，郭振瀚著 .
北京：中国农业科学技术出版社，2025.3. -- ISBN 978-7-5116-7335-0

Ⅰ . Q949.783.5-64

中国国家版本馆 CIP 数据核字第 2025NW9256 号

责任编辑	姚　欢
责任校对	王　彦
责任印制	姜义伟　王思文

出 版 者	中国农业科学技术出版社
	北京市中关村南大街 12 号　　邮编：100081
电　　话	（010）82106631（编辑室）　（010）82106624（发行部）
	（010）82109709（读者服务部）
网　　址	https：// castp.caas.cn
经 销 者	各地新华书店
印 刷 者	中煤（北京）印务有限公司
开　　本	148 mm×210 mm　1/32
印　　张	2.375
字　　数	70 千字
版　　次	2025 年 3 月第 1 版　2025 年 3 月第 1 次印刷
定　　价	50.00 元

◆ 版权所有·侵权必究 ◆

《鄂尔多斯蒿属植物图鉴》著者名单

主　　著：高秀芳　郭振瀚

副 主 著：邬东慧　樊金富

著者成员：高秀芳　郭振瀚　邬东慧　樊金富
　　　　　萨格萨　苏　秦　折维俊　靳玉荣

前　言
PREFACE

　　菊科蒿属（*Artemisia* L.）植物全世界有300多种，我国有186种、44变种，遍布全国，常是草原、荒漠与半荒漠草原的建群种、优势种或主要伴生种。蒿属植物多数种含挥发油、脂肪、有机酸及生物碱等成分，少数种还含氰苷类（cyanogenic glycosides）、黄酮醇苷类（flavonol）、香豆素类（coumarin）、垂体后叶催产激素类（oxytocin）物质及干扰素诱导体等。许多种类可入药，为重要或常用的消炎、止血、温经、解表、抗疟、利胆药材，或制作艾灸的材料，少数种供食用或作为牲畜饲料。在荒漠或半荒漠地区生长的若干灌木或半灌木种类其根系粗大、深长，茎、枝萌蘖力强，耐干旱，耐盐碱，是防风、固沙的先锋植物或为辅助性植物。

　　蒿属植物虽因致敏性备受关注，但其作为草原生态系统的关键组分，具有不可替代的生态价值。它们耐旱耐贫瘠，能固沙防风、保持水土，并为昆虫及草食动物提供食物与栖息地；部分种类还可入药或作饲料。科学识别蒿属植物有助于平衡过敏防控与生态保护，合理利用其抗逆性与资源价值，对退化草原修复、生物多样性维护及可持续牧业发展具有重要意义。

　　2018年以来，在鄂尔多斯市林业和草原局的领导下，《鄂尔多斯蒿属植物图鉴》著者委员会通过近5年的辛勤劳动，对鄂尔多斯市境内的蒿属植物进行了大量的调查，现场进行分类鉴定、拍照，后期在实验室对所拍摄的照片进行整理、筛选，配以文字描述最终撰写成书。本图鉴共收集鄂尔多斯市蒿属植物24种、5变种，书中配有每个种的彩色照片，注明中文学名、拉丁学名（参考《内蒙古植物志（第二版）》），并简要注明了每种植物的形态特征、生物学与生态学特性、地理分布、主要用途。本图鉴可供鄂尔多斯市从事蒿属植物相关工作的研究人员及对蒿属植物感兴趣的读者参考使用。

在本书的野外拍摄、标本鉴定、文字编写过程中，得到了原鄂尔多斯市草原工作站杨永锋、贾利中两任站长的大力支持，以及中国农业科学院草原研究所刘磊老师的专业指导。在此表示深深的谢意！

著 者

2024年2月

目 录
contents

蒿 属 ·· 1

    分种检索表 ··· 2

    1. 大籽蒿 ··· 8

    2. 碱蒿 ··· 10

    3. 莳萝蒿 ··· 12

    4. 冷蒿 ··· 14

    5. 紫花冷蒿（变种）····································· 16

    6. 内蒙古旱蒿 ·· 18

    7. 黄花蒿 ··· 20

    8. 裂叶蒿 ··· 22

    9. 白莲蒿 ··· 24

    10. 密毛白莲蒿（变种）································ 26

    11. 山蒿 ··· 28

    12. 黑蒿 ··· 30

    13. 艾 ··· 32

    14. 野艾（变种）·· 34

    15. 野艾蒿 ··· 36

16. 蒙古蒿 ································· 38
17. 辽东蒿 ································· 40
18. 龙蒿 ··································· 42
19. 白沙蒿 ································· 44
20. 黑沙蒿 ································· 46
21. 猪毛蒿 ································· 48
22. 柔毛蒿 ································· 50
23. 变蒿 ··································· 52
24. 糜蒿 ··································· 54
25. 南牡蒿 ································· 56
26. 牛尾蒿 ································· 58
27. 无毛牛尾蒿（变种）··················· 60
28. 华北米蒿 ······························· 62
29. 长梗米蒿（变种）······················ 64

蒿 属 | *Artemisia* L.

草本,少数为半灌木或小灌木,常有浓烈的气味。茎通常直立,单生或丛生,有分枝。叶互生,具柄或无,通常有假托叶,叶片羽状分裂或不分裂。头状花序具异形小花,雌花位于外围,结实,两性花位于中央,结实或不结实,多数在茎上排列成圆锥状、总状或穗状、总苞卵形、球形、半球形或矩圆形等;总苞片数层,覆瓦状排列,边缘通常为膜质,外面被毛或无毛;花序托有托毛或无;雌花花冠狭圆锥状或狭管状,檐部2~3(4)齿裂,两性花花冠管状,檐部5齿裂;花药基部圆钝或短尖,先端具长三角形附片;花柱条形,伸出花冠外或极短,顶端2叉或不叉开,柱头有睫毛或无。瘦果小,常有纵纹,无冠毛。

内蒙古有70种、12变种。鄂尔多斯市有24种、5变种。

分种检索表

1. 中央小花为两性花，结实，开花时花柱与花冠近等长，先端2叉开；子房明显（蒿亚属 Subgen. *Artemisia*）。
   2. 花序托具托毛（莳萝蒿组 Sect. *Absinthium*）。
      3. 一或二年生草本。
         4. 头状花序半球形或近球形，直径4~6 mm ························· 1. 大籽蒿 *A. sieversiana*
         4. 头状花序椭圆状倒圆锥形、半球形、宽卵形或近球形，直径1.5~3（4）mm。
            5. 中部叶一至二回羽状全裂，小裂片狭条形，长4~15 mm，头状花序半球形或宽卵形，直径2~3（4）mm，总苞片背部疏被白色短柔毛或近无毛·········2. 碱蒿 *A. anethifolia*
            5. 中部叶二至三回羽状全裂，小裂片丝状条形或毛发状，长2~4 mm；头状花序近球形，直径1.5~2 mm，总苞片背部密被蛛丝状短柔毛·········3. 莳萝蒿 *A. anethoides*
      3. 多年生草本或半灌木状。
         6. 多年生草本或半灌木状草本，中部叶矩网形或倒卵状矩圆形，长与宽0.5~0.7 cm，一至二回羽状全裂，小裂片狭小，长2~3 mm，宽0.5~1.5 mm，先端锐尖。
            7. 植株较高，头状花序成总状或总状圆锥花序，花冠檐部黄色·················4. 冷蒿 *A. frigida*
            7. 植株矮小，头状花序成穗状，花冠檐部紫色·················5. 紫花冷蒿 *A. frigida* var. *atropurpurea*

6. 半灌木状；中部叶卵圆形或近圆形，长1~1.5 cm，二回羽状全裂，侧裂片2~3对，小裂片长1~3 mm。宽0.5~1.5 mm，先端钝尖 ……………………………………………………………… 6. 内蒙古旱蒿 *A. xerophytica*

2. 花序托无托毛。

　　8. 头状花序通常球形或半球形，稀为其他形状；叶的小裂片为狭条型，宽在1.5 mm以下，或为栉齿型（**艾蒿组 Sect. Abrotanum**）。

　　9. 叶羽状深裂至全裂，小裂片栉齿状、锯齿状或为短小的裂齿。

　　　10. 一年生草本；茎通常单一，头状花序直径1.5~2.5 mm，在茎上排列成开展而呈金字塔形的圆锥状，花黄色………………………………………… 7. 黄花蒿 *A. annua*

　　　10. 多年生草本或半灌木状；茎少数或多数，稀单一。

　　　　11. 茎中部叶有侧裂片6~8对，下面被白色短柔毛…………………………………… 8. 裂叶蒿 *A. tanacetifolia*

　　　　11. 茎中部叶有侧裂片3~5对，下面被毛或否。

　　　　　12. 叶两面无毛或下面密被灰白色短柔毛……………………………………… 9. 白莲蒿 *A. sacrorum*

　　　　　12. 叶两面密被灰白色或灰黄色短柔毛………………………… **10. 密毛白莲蒿 *A. sacrorum* var. *messerschmidtiana***

　　9. 叶羽全裂，小裂片狭条形、丝状条形、狭条状棒形、狭披针形或条状披针形。

　　　　12. 多年生草本或为半灌木或小灌木状，茎多分枝；中部叶长2~4 cm，二回羽状全裂，叶上面绿色。疏被短柔毛或无毛，下面密被灰白色短绒

　　　　毛；总苞片背部被灰白色短绒毛⋯⋯⋯11. 山蒿 *A. brachyloba*

　　12. 一年生草本，茎不分枝或分枝，但不开展，中部叶一至二回羽状全裂，侧裂片（2）3~4对；头状花序在分枝或茎上每2~10个密集成簇，并排成短穗状。而在茎上再排列成稍开展或狭窄的圆锥状⋯⋯⋯⋯⋯⋯⋯⋯⋯⋯⋯⋯⋯12. 黑蒿 *A. palustris*

8. 头状花序椭圆形、矩圆形、卵形、宽卵形、长卵形等；叶的小裂片为宽裂片型，宽2 mm以上，或叶不分裂（艾组 **Sect. Artemisia**）。

　　13. 叶上面密布白色腺点及小凹点。

　　　　14. 茎中部叶一至二回羽状半裂。

　　　　　　15. 茎中部叶一至二回羽状半裂⋯⋯⋯⋯⋯⋯⋯13. 艾 *A. argyi*

　　　　　　15. 茎中部叶一至二回羽状深裂⋯⋯⋯⋯⋯⋯⋯⋯⋯⋯⋯⋯⋯⋯⋯⋯⋯⋯⋯⋯⋯⋯⋯⋯⋯⋯⋯⋯⋯14. 野艾 *A. argyi* var. *gracilis*

　　　　14. 茎中部叶一至二回羽状全裂，头状花序直径2~2.5 mm，总苞片背部密被蛛丝状毛⋯⋯⋯⋯⋯⋯⋯⋯⋯⋯⋯⋯⋯⋯⋯⋯⋯⋯⋯⋯⋯⋯⋯⋯⋯⋯⋯⋯⋯⋯⋯⋯⋯⋯⋯⋯⋯⋯15. 野艾蒿 *A. lavandulifolia*

　　13. 叶上面无白色腺点，或少有稀疏的腺点，但无明显的小凹点。

　　　　15. 茎中部叶二回，稀一至二回羽状全裂，小裂片条形、条状披针形或披针形⋯⋯⋯⋯⋯⋯⋯16. 蒙古蒿 *A. mongolica*

　　　　15. 茎中部叶二回羽状深裂或一回羽状全裂，小裂片长椭圆形、椭圆状披针形，稀条状披针形⋯⋯⋯⋯⋯⋯⋯⋯⋯⋯⋯⋯⋯⋯⋯⋯⋯⋯⋯⋯⋯⋯⋯⋯⋯⋯⋯⋯⋯⋯⋯17. 辽东蒿 *A. verbenacea*

1. 中央小花两性，但不结实；开花时花柱长仅达花冠中部或中上部，先端常呈棒状或漏斗状，2裂，通常不叉开；子房细小或不存在（**龙蒿亚属 Subgen. *Dracunculus***）。

 16. 叶的小裂片狭条形、丝状条形、狭条状披针形以至毛发状，或小裂片为栉齿形，或叶不分裂，为条形或条状披针形（**龙蒿组 Sect. *Dracunculus***）。

  17. 茎中部叶不分裂或分裂，小裂片非栉齿形；为半灌木、多年生草本或一、二年生草本。

   18. 叶不分裂，条状披针形或条形，全缘……………………………………………………**18. 龙蒿 *A. dracunculus***

   18. 中部叶羽状全裂，小裂片狭条形、丝状条形或毛发状。

    19. 头状花序直径3~4 mm，中部叶小裂片宽（0.5）1~2.5 mm…………**19. 白沙蒿 *A. sphaerocephala***

    19. 头状花序直径1~3 mm，中部叶小裂片宽0.5~1.5（2）mm。

     20. 半灌木或半灌木状草本，茎分枝通常多而长，下部枝长超过12 cm，上部枝长5 cm以上，中部叶通常一回羽状全裂………**20. 黑沙蒿 *A. ordosica***

     20. 多年生或一、二年生草本，或半灌木状草本；少数或单一。

      21. 一、二年生或多年生草本，中部叶一至二回羽状全裂，小裂片丝状条形或毛发状；头状花序在茎上排列成大型、开展的圆锥状………………………………**21. 猪毛蒿 *A. scoparia***

      21. 多年生或半灌木状草本。

       22. 头状花序圆球形，直径1.5~2 mm，顶端圆形，下垂或俯垂，在茎上排列成稍开展的圆锥状…………**22. 柔毛蒿 *A. pubescens***

22. 头状花序圆卵形，直径2～3 mm，顶端锐尖，直立或斜展，在茎上排列成稍狭窄的总状花序或狭窄的圆锥状……………………………………………23. 变蒿 A. commutata

17. 茎中部叶二回羽状分裂。第一回全裂.侧裂片5～8对，裂片两侧各具5～8枚深裂的栉齿；一年生草本…………………………………………24. 糜蒿 A. blepharolepis

16. 叶的小裂片较宽，为宽条形、条状披针形、披针形、椭圆形或为齿裂、缺刻等，或叶为匙形、楔形或倒卵形，先端具锯齿或浅裂齿，边全缘（**牡蒿组 Scct. Latilobus**）。

23. 茎中部叶一至二回羽状全裂或深裂，基生叶近圆形、宽卵形或倒卵形，一至二回大头羽状深裂或全裂或不分裂；头状花序直径1.5～2 mm，在茎上排列成开展，稍大型的圆锥状……………………25. **南牡蒿 A. eriopoda**

23. 茎中部叶指状3深裂或规则的羽状5深裂。

24. 中部叶大，长5～11 cm，3～6 cm，羽状5深裂，裂片椭圆状披针形、矩圆状披针形或披针形，长2～6 cm，宽5～10 mm。

25. 茎、枝幼时及叶下面被短柔毛………………………………………………**26. 牛尾蒿 A. dubia**

25. 茎、枝、叶下面初时被短柔毛，后脱落无毛……………………………**27. 无毛牛尾蒿 A. dubia var. subdigitata**

24. 中部叶小，长2～3（5）cm，宽1～1.5 cm，指状3深裂，裂片条形或条状披针形，长1～2 cm，宽1～2（5）mm。

26. 茎中部叶和上部叶指状3深裂，头状花序具短

梗……………………28. 华北米蒿 *A. giraldii*

26. 茎中部叶和上部叶通常不分裂，稀为三深裂，头状花序具长梗，梗长5～10 mm……………
…29. 长梗米蒿 ***A. giraldii* var. *longipedunculata***

1. 大籽蒿

Artemisia sieversiana Ehrhart ex Willd.

一、二年生草本，高30~100 cm。主根垂直，狭纺锤形，侧根多。茎单生，直立，具纵条棱，多分枝；茎、枝被灰白色短柔毛。基生叶在花期枯萎；茎下部与中部叶宽卵形或宽三角形，长4~10 cm，宽3~8 cm，二至三回羽状全裂，稀深裂，侧裂片2~3对，小裂片条形或条状披针形，长2~10 mm，宽1~3 mm，先端钝或渐尖，两面被短柔毛和腺点。叶柄长2~4 cm，基部有小型假托叶；上部叶及苞叶羽状全裂或不分裂，而为条形或条状披针形，无柄。头状花序较大，半球形或近球形，直径4~6 mm，具短梗，稀近无梗，下垂，有条形小苞叶，多数在茎上排列成开展或稍狭窄的圆锥状；总苞片3~4层，近等长，外、中层的长卵形或椭圆形，背部被灰白色短柔毛或近无毛，中肋绿色，边缘狭膜质，内层的椭圆形，膜质；边缘雌花2~3层，20~30枚，花冠狭圆锥状，中央两性花80~120枚，花冠管状。花序托半球形，密被白色托毛。瘦果矩圆形，褐色。花果期7—10月。

【生境】中生杂草。散生或群居于农田、路旁、畜群点或水分较好的撂荒地上，有时也进入人为活动较明显的草原或草甸群落中。

【分布】鄂尔多斯市。

【用途】全草入药，能祛风、清热、利湿，主治风寒湿痹、黄疸、热痢、疥癣恶疮。

大籽蒿

2. 碱蒿

Artemisia anethifolia Web. ex Stechm.

一、二年生草本，高10~40 cm，植株有浓烈的香气。根垂直，狭纺锤形。茎单生，直立，具纵条棱，常带红褐色，多由下部分枝，开展；茎、枝初时被短柔毛，后脱落无毛。基生叶椭圆形或长卵形，长3~4.5 cm，宽1.5~3 cm，二至三回羽状全裂，侧裂片3~4对，小裂片狭条形，长3~8 mm，宽1~2 mm，先端钝尖，叶柄长2~4 cm，花期渐枯萎；中部叶卵形、宽卵形或椭圆状卵形，长2.5~3 cm，宽1~2 cm，一至二回羽状全裂，侧裂片3~4对，裂片或小裂片狭条形，长5~12 mm，宽0.5~1.5 mm，叶初时被短柔毛，后渐稀疏，近无毛；上部叶与苞叶无柄，5或3全裂或不分裂，狭条形。头状花序半球形或宽卵形，直径2~3（4）mm，具短梗，下垂或倾斜，有小苞叶，多数在茎上排列成疏散而开展的圆锥状；总苞片3~4层，外、中层的椭圆形或披针形，背部疏被白色短柔毛或近无毛，有绿色中肋，边缘膜质，内层的卵形，近膜质，背部无毛；边缘雌花3~6枚，花冠狭管状，中央两性花18~28枚，花冠管状。花序托凸起，半球形，有白色托毛。瘦果椭圆形或倒卵形。花果期8—10月。

【生境】盐生中生植物。生长于盐渍化土壤上，为盐生植物群落的主要伴生种。

【分布】鄂尔多斯市。

碱蒿

3. 莳萝蒿

Artemisia anethoides Mattf.

一、二年生草本，高20~70 cm，植株有浓烈的香气。主根狭纺锤形，侧根多。茎单生，直立或斜升，具纵条棱，带紫红色，分枝多；茎、枝均被灰白色短柔毛。叶两面密被白色绒毛，基生叶与茎下部叶长卵形或卵形，长3~4 cm，宽2~4 cm，三至四回羽状全裂，小裂片狭条形或狭条状披针形，叶柄长，花期枯萎，中部叶宽卵形或卵形，长2~4 cm，宽1~3 cm，二至三回羽状全裂，侧裂片2~3对，小裂片丝状条形或毛发状，长2~4 mm，宽0.3~0.5 mm，先端钝尖，近无柄，上部叶与苞叶3全裂或不分裂，狭条形。头状花序近球形，直径1.5~2 mm，具短梗，下垂，有丝状条形的小苞叶，多数在茎上排列成开展的圆锥状，总苞片3~4层，外、中层的椭圆形或披针形，背部密被蛛丝状短柔毛，具绿色中肋，边缘膜质，内层的长卵形，近膜质，无毛；边缘雌花3~6枚，花冠狭管状，中央两性花8~16枚，花冠管状。花序托凸起，有托毛。瘦果倒卵形。花果期7—10月。

【生境】盐生中生植物。分布很广，生于盐土或盐碱化的土壤上，在低湿地碱斑湖滨常形成群落，或为芨芨草盐生草甸的伴生植物。

【分布】鄂尔多斯市。

莳萝蒿

4. 冷蒿

***Artemisia frigida* Willd.**

多年生草本，高10～50 cm。主根细长或较粗，木质化，侧根多，根状茎粗短或稍细，有多数营养枝。茎少数或多条常与营养枝形成疏松或密集的株丛，基部多少木质化，上部分枝或不分枝。茎、枝、叶及总苞片密被灰白色或淡灰黄色绢毛，后茎上毛稍脱落。茎下部叶与营养枝叶矩圆形或倒卵状矩圆形，长、宽10～15 mm，二至三回羽状全裂，侧裂片2～4对，小裂片条状披针形或条形，叶柄长5～20 mm；中部叶矩圆形或倒卵状矩圆形，长、宽5～7 mm，一至二回羽状全裂，侧裂片3～4对，小裂片披针形或条状披针形，长2～3 mm，宽0.5～1.5 mm，先端锐尖，基部的裂片半抱茎，并成假托叶状，无柄，上部叶与苞叶羽状全裂或3～5全裂，裂片披针形或条状披针形。头状花序半球形、球形或卵球形，直径（2）2.5～3（4）mm，具短梗，下垂，在茎上排列成总状花序或狭窄的总状花序式的圆锥状花序，总苞片3～4层，外、中层的卵形或长卵形，背部有绿色中肋，边缘膜质，内层的长卵形或椭圆形，背部近无毛，膜质；边缘雌花8～13枚，花冠狭管状，中央两性花20～30枚，花冠管状。花序托有白色托毛。瘦果矩圆形或椭圆状倒卵形。花果期8—10月。

【生境】生态幅度很广的旱生植物。广布于草原带和荒漠草原带，沿山地也进入森林草原和荒漠带中，多生长在沙质、沙砾质或砾石质土壤上，是草原小半灌木群落的主要建群植物，也是其他草原群落的伴生植物或亚优势植物。

【分布】鄂尔多斯市。

【用途】全草入药，能清热、利湿、退黄，主治湿热黄疸、小便不利、风痒疮疥。也入蒙药（蒙药名：阿格），能止血、消肿，主治各种出血、肾热、月经不调、疮痈。

本种为优良牧草，羊和马四季均喜食其枝叶，骆驼和牛也乐食，干枯后，各种家畜均乐食，为家畜的抓膘草之一。

5. 紫花冷蒿（变种）

Artemisia frigida Willd. var. *atropurpurea* Pamp.

多年生草本，植株矮小。主根细长或较粗，木质化。根状茎粗短或稍细，有多数营养枝。茎形成疏松或密集的株丛，基部多少木质化。茎、枝、叶及总苞片密被灰白色或淡灰黄色绢毛，后茎上毛稍脱落。茎下部叶长、宽10～15 mm，二至三回羽状全裂，侧裂片2～4对，小裂片条状披针形或条形，叶柄长5～20 mm，中部叶长、宽5～7 mm，一至二回羽状全裂，侧裂片3～4对，小裂片披针形或条状披针形，长2～3 mm，宽0.5～1.5 mm，先端锐尖，基部的裂片半抱茎，并成假托叶状，无柄，上部叶与苞叶羽状全裂或3～5全裂，裂片披针形或条状披针形。头状花序半球形、球形或卵球形，直径（2）2.5～3（4）mm，具短梗，下垂，在茎上常排列成穗状，总苞片3～4层，背部有绿色中肋，边缘膜质，内层的长卵形或椭圆形，背部近无毛，膜质；边缘雌花8～13枚，花冠檐部紫色，狭管状，中央两性花20～30枚，花冠管状。花序托有白色托毛。瘦果矩圆形或椭圆状倒卵形。花果期8—10月。

【生境】生态幅度很广的旱生植物。广布于草原带和荒漠草原带，或森林草原和荒漠带中。

【分布】鄂尔多斯市。

紫花冷蒿（变种）

6. 内蒙古旱蒿

***Artemisia xerophytica* Krasch.**

半灌木状，高5～40 cm。主根粗壮，木质，根状茎粗短，具多数营养枝。茎多数，丛生，木质或半木质，灰褐色或灰黄色，当年生枝灰白色，密被绢状柔毛，后稍稀疏。叶小，半肉质，具短柄或无柄，基生叶与茎下部叶二回羽状全裂，花后常凋落；中部叶卵圆形或近圆形，长10～15 mm，宽3～6 mm，二回羽状全裂，侧裂2～3对，狭楔形，常再3～5全裂，基部裂片具1～2枚小裂片，小裂片匙形、倒披针形或条状倒披针形，长1～3 mm，宽0.5～1.5 mm，先端钝，两面密被灰黄色的绢质短绒毛。上部叶与苞叶羽状全裂或3～5全裂，裂片狭匙形，或倒披针形。头状花序近球形，直径3～4 mm，梗长1～5 mm，下垂或倾斜，在茎枝端排列成松散的稍开展的圆锥状，总苞3～4层，外层的狭小，狭卵形，背部被灰黄色短柔毛，中间具绿色中肋，边缘膜质，内层的半膜质，背部无毛；边缘小花雌性，4～10枚，花冠近狭圆锥状，长约2 mm，外面被短柔毛，中央小花两性，10～20枚，花冠管状，先端被短柔毛，长2～2.5 mm，两者均为紫红色。花序托凸起，有白色托毛。瘦果倒卵状矩圆形，长约0.5 mm。花果期8—9月。

【生境】强旱生植物。为草原化荒漠和荒漠草原常见的伴生植物。有时也成亚优势植物。生于沙质、砂砾质或表土覆沙的土壤上。

【分布】鄂尔多斯市（鄂托克旗）。

【用途】为优良的饲用植物，羊和骆驼四季均喜食，马和牛夏秋乐食。

内蒙古旱蒿

7. 黄花蒿

Artemisia annua L.

一年生草本，高可达1 m，全株有浓烈的挥发性的香气。根单生，垂直。茎单生，粗壮，直立，具纵沟棱，幼嫩时绿色，后变褐色或红褐色，多分枝，茎、枝无毛或疏被短柔毛。叶纸质，绿色，茎下部叶宽卵形或三角状卵形，长3~7 cm，宽2~6 cm，三（四）回栉齿状羽状深裂，侧裂片5~8对，裂片长椭圆状卵形，再次分裂，小裂片具多数栉齿状深裂齿，中肋明显，中轴两侧有狭翅，稀上部有小栉齿，叶两面无毛，或下面微有短柔毛，后脱落，具腺点及小凹点，叶柄长1~2 cm，基部有假托叶；中部叶二至三回栉齿状羽状深裂，小裂片通常栉齿状三角形，具短柄；上部叶与苞叶一至二回栉齿状羽状深裂，近无柄。头状花序球形，直径1.6~2.5 mm，有短梗，下垂或倾斜，极多数在茎上排列成开展而呈金字塔形的圆锥状。总苞片3~4层，无毛，外层的长卵形或长椭圆形，中肋绿色，边缘膜质，中、内层的宽卵形或卵形，边缘宽膜质。边缘雌花10~20枚，花冠狭管状，外面有腺点，中央的两性花10~30枚，结实或中央少数花不结实，花冠管状。花序托凸起，半球形。瘦果椭圆状卵形，长约0.7 mm，红褐色。花果期8—10月。

【生境】中生杂草。生于河边、沟谷或居民点附近。多散生或形成小群聚。

【分布】鄂尔多斯市。

【用途】全草入药（药名：青蒿），能解暑、退虚热、抗疟，主治伤暑、疟疾、虚热。地上部分作蒙药用（蒙药名：好尼-希日勒吉）能清热消肿，主治肺热咽喉炎、扁桃体炎等。

黄花蒿

8. 裂叶蒿

Artemisia tanacetifolia L.

多年生草本，高20～75 cm。主根细；根状茎横走或斜生。茎单生或少数，直立，具纵条棱，中部以上有分枝，茎上部与分枝常被平贴的短柔毛。叶质薄，下部叶与中部叶椭圆状矩圆形或长卵形，长5～12 cm，宽1.5～6 cm，二至三回栉齿状羽状分裂，第一回全裂，侧裂片6～8对，裂片椭圆形或椭圆状矩圆形，叶中部裂片与中轴成直角叉开，每裂片基部均下延在叶轴与叶柄上端成狭翅状，裂片常再次羽状深裂，小裂片椭圆状披针形或条状披针形，不再分裂或边缘具小锯齿，叶上面绿色，稍有凹点，无毛或疏被短柔毛，下面初时密被短柔毛，后稍稀疏；叶柄长5～12 cm，基部有小型假托叶；上部叶一至二回栉齿状羽状全裂，无柄或近无柄；苞叶栉齿状羽状分裂或不分裂，条形或条状披针形。头状花序球形或半球形，直径2～3 mm，具短梗，下垂，多数在茎上排列成稍狭窄的圆锥状；总苞片3层，外层的卵形，淡绿色，边缘狭膜质，背部无毛或初时疏被短柔毛，后变无毛，中层的卵形，边缘宽膜质，背部无毛，内层的近膜质；边缘雌花9～12枚，花冠狭管状，背面有腺点，常有短柔毛，中央两性花30～40枚，花冠管状，也有腺点和短柔毛。花序托半球形。瘦果椭圆状倒卵形，长约1.2 mm，暗褐色。花果期7—9月。

【生境】中生植物。多分布于森林草原和森林地带，也见于草原区和荒漠区山地，是草甸、草甸化草原及山地草原的伴生植物或亚优势植物，有时也出现在林缘和灌丛间。

【分布】鄂尔多斯市。

裂叶蒿

9. 白莲蒿

***Artemisia sacrorum* Ledeb.**

半灌木状草本，高50～100 cm。根稍粗大，木质，垂直；根状茎粗壮，常有多数营养枝。茎多数，常成小丛，紫褐色或灰褐色，具纵条棱，下部木质，皮常剥裂或脱落，多分枝；茎、枝初时被短柔毛，后下部脱落无毛。茎下部叶与中部叶长卵形、三角状卵形或长椭圆状卵形，长2～10 cm，宽3～8 cm，二至三回栉齿状羽状分裂，第一回全裂，侧裂片3～5对，椭圆形或长椭圆形，小裂片栉齿状披针形或条状披针形，具三角形栉齿或全缘，叶中轴两侧有栉齿，叶上面绿色，初时疏被短柔毛，后渐脱落，幼时有腺点，下面初时密被灰白色短柔毛，后无毛；叶柄长1～5 cm，扁平，基部有小型栉齿状分裂的假托叶；上部叶较小，一至二回栉齿状羽状分裂，具短柄或无柄，苞叶栉齿状羽状分裂或不分裂，条形或条状披针形。头状花序近球形，直径2～3.5 mm，具短梗，下垂，多数在茎上排列成密集或稍开展的圆锥状；总苞片3～4层，外层的披针形或长椭圆形，初时密被短柔毛，后脱落无毛，中肋绿色，边缘膜质，中、内层的椭圆形，膜质，无毛；边缘雌花10～12枚，花冠狭管状，中央两性花20～40枚，花冠管状。花序托凸起。瘦果狭椭圆状卵形或狭圆锥形。花果期8—10月。

【生境】石生的中旱生或旱生植物，为该区域山地半灌木群落的主要建群植物。

【分布】鄂尔多斯市。

白莲蒿

25

10. 密毛白莲蒿（变种）

Artemisia sacrorum Ledeb. var. *messerschmidtiana* （Bess.）Y.R.Ling

本变种与正种的区别在于：叶两面密被灰白色或淡灰黄色短柔毛。

【生境】生长于山坡、丘陵及路旁等处。

【分布】鄂尔多斯市。

密毛白莲蒿(变种)

11. 山蒿

Artemisia brachyloba Franch.

半灌木状草本或小灌木状，高20～40 cm。主根粗壮，常扭曲，有纤维状的根皮。根状茎粗壮，木质，有营养枝。茎多数，自基部分枝常形成球状株丛，茎、枝幼时被短绒毛，后渐脱落。基生叶卵形或宽卵形，二至三回羽状全裂，花期枯萎；茎下部与中部叶宽卵形或卵形，长2～4 cm，宽1.5～2 cm，二回羽状全裂，侧裂片3～4对，小裂片狭条形或狭条状披针形，长3～6 mm，宽0.3～1 mm，先端钝，有小尖头，边缘反卷，叶上面绿色，疏被短柔毛或无毛，下面密被灰白色短绒毛；上部叶羽状全裂，裂片2～4，苞叶3裂或不分裂，条形。头状花序卵球形或卵状钟形，直径2～3.5 mm，具短梗或近无梗，常排成短总状或穗状花序或单生，再在茎上组成稍狭窄的圆锥状；总苞片3层，外层的卵形或长卵形，背部被灰白色短绒毛，边缘狭膜质，中、内层的长椭圆形，边缘宽膜质或全膜质，背部毛少至无毛；边缘雌花8～15枚，花冠狭管状，疏布腺点，中央两性花18～25枚，花冠管状，有腺点。花序托微凸。瘦果卵圆形，黑褐色。花果期8—10月。

【生境】石生旱生植物。生长于石质山坡、岩石露头或碎石质的土壤上，是山地植被的主要建群植物。

【分布】鄂尔多斯市（鄂托克旗）。

【用途】全草入药，能清热燥湿，主治偏头痛、咽喉肿痛、风湿等。

山蒿

29

12. 黑蒿

Artemisia palustris L.

一年生草本，高10～40 cm，全株光滑无毛。根较细，单一。茎单生，直立，绿色，有时带紫褐色，上部有细分枝，有时自基部分枝，枝短，斜向上或不分枝。叶薄纸质，茎下部与中部叶卵形或长卵形，长2～5 cm，宽1.5～3 cm，一至二回羽状全裂，侧裂片（2）3～4对，再次羽状全裂或3裂，小裂片狭条形，长1～3 cm，宽0.5～1 mm，下部叶叶柄长达1 cm，中部叶无柄，基部有狭条状假托叶；茎上部叶与苞叶小，一回羽状全裂。头状花序近球形，直径2～3 mm，无梗，每2～10个在分枝或茎上密集成簇，少数间有单生，并排成短穗状，而在茎上再组成稍开展或狭窄的圆锥状；总苞3～4层，近等长，外层的卵形，背部具绿色中肋，边缘膜质、棕褐色，中、内层的卵形或匙形，半膜质或膜质；边缘雌花9～13枚，花冠狭管状或狭圆锥状，中央两性花20～25枚，花冠管状，外面有腺点。花序托凸起，圆锥形。瘦果长卵形，稍扁，褐色。花果期8—10月。

【生境】中生植物。较多分布于森林和森林草原地带，有时也出现于干草原带，生长在河岸低湿沙地上，草甸、草甸化草原和山地草原群落中一年生植物层片的重要成分。

【分布】鄂尔多斯市（乌审旗）。

黑蒿

31

13. 艾

Artemisia argyi Lév1. et Van.

多年生草本，高30～100 cm，植株有浓烈香气。主根粗长，侧根多，根状茎横卧，有营养枝。茎单生或少数，具纵条棱，褐色或灰黄褐色，基部稍木质化，有少数分枝，茎、枝密被灰白色蛛丝状毛。叶厚纸质，基生叶花期枯萎，茎下部叶近圆形或宽卵形，羽状深裂，侧裂片2～3对，椭圆形或倒卵状长椭圆形，每裂片有2～3个小裂齿，叶柄长5～8 mm；中部叶卵形，三角状卵形或近菱形，长5～9 cm，宽4～7 cm，一至二回羽状深裂至半裂，侧裂片2～3对，卵形、卵状披针形或披针形，长2.5～5 cm，宽1.5～2 cm，不再分裂或每侧有1～2个缺齿，叶基部宽楔形渐狭成短柄，叶柄长2～5 mm，基部有极小的假托叶或无，叶上面被灰白色短柔毛，密布白色腺点，下面密被灰白色或灰黄色蛛丝状绒毛；上部叶与苞叶羽状半裂、浅裂、3深裂或3浅裂，或不分裂而为披针形或条状披针形。头状花序椭圆形，直径2.5～3 mm，无梗或近无梗，花后下倾，多数在茎上排列成狭窄、尖塔形的圆锥状；总苞片3～4层，外、中层的卵形或狭卵形，背部密被蛛丝状绵毛，边缘膜质，内层的质薄，背部近无毛；边缘雌花6～10枚，花冠狭管状，中央两性花8～12枚，花冠管状或高脚杯状，檐部紫色。花序托小。瘦果矩圆形或长卵形。花果期7—10月。

【生境】中生植物。在森林草原地带可以形成群落，作为杂草常侵入到耕地、路旁及村庄附近，有时也分布到林缘、林下、灌丛间。

艾

【分布】鄂尔多斯市（乌审旗）。

【用途】叶可入药，能散寒止痛、温经、止血，主治心腹冷痛、吐衄、下血、月经过多、崩漏、带下、胎动不安、皮肤瘙痒。叶入蒙药，能消肿、止血，主治痈疮伤、月经不调、各种出血。

14. 野艾(变种)

***Artemisia argyi* Lév1. et Van. var. *gracilis* Pamp.**

本变种与正种的区别在于：茎中部叶为羽状深裂。

【生境】生于砂质坡地、路旁等处。

【分布】鄂尔多斯市。

野艾（变种）

35

15. 野艾蒿

Artemisia lavandulifolia DC.

多年生草本，高60～100 cm，植株有香气。主根稍明显，侧根多；根状茎细长，常横走，有营养枝。茎少数，稀单生，具纵条棱，多分枝；茎、枝被灰白色蛛丝状短柔毛。叶纸质，基生叶与茎下部叶宽卵形或近圆形，二回羽状全裂，具长柄，花期枯萎；中部叶卵形、矩圆形或近圆形，长6～8 cm，宽5～7 cm，（一）二回羽状全裂，侧裂片2～3对，椭圆形或长卵形，每裂片具2～3个条状披针形或披针形的小裂片或深裂齿，长3～7 mm，宽2～3 mm，先端尖，上面绿色，密布白色腺点，初时疏被蛛丝状柔毛，后稀疏或近无毛，下面密被灰白色绵毛，叶柄长1～2 cm，基部有羽状分裂的假托叶；上部叶羽状全裂，具短柄或近无柄；苞叶3全裂或不分裂，条状披针形或披针形。头状花序椭圆形或矩圆形，直径2～2.5 mm，具短梗或无梗，花后多下倾，具小苞叶，多数在茎上排列成狭窄或稍开展的圆锥状；总苞片3～4层，外层的短小，卵形或狭卵形，背部密被蛛丝状毛，边缘狭膜质，中层的长卵形，毛较疏，边缘宽膜质，内层的矩圆形或椭圆形，半膜质，近无毛；边缘雌花4～9枚，花冠狭管状，紫红色，中央两性花10～20枚，花冠管状，紫红色。花序托小，凸起。瘦果长卵形或倒卵形。花果期7—10月。

【生境】中生植物。散生于林缘、灌丛、河湖滨草甸，作为杂草也进入农田、路旁、村庄附近。

【分布】鄂尔多斯市（达拉特旗、鄂托克旗）。

野艾蒿

16. 蒙古蒿

Artemisia mongolica（Fisch. ex Bess.）Nakai

多年生草本，高20～90 cm。根细，侧根多，根状茎短，半木质化，有少数营养枝。茎直立，少数或单生，具纵条棱，常带紫褐色，多分枝，斜向上或稍开展，茎、枝初时密被灰白色蛛丝状柔毛，后稍稀疏。叶纸质或薄纸质，下部叶卵形或宽卵形，二回羽状全裂或深裂，第一回全裂，侧裂片2～3对，椭圆形或矩圆形，再次羽状深裂或为浅裂齿，叶柄长，两侧常有小裂齿，花期枯萎；中部叶卵形、近圆形或椭圆状卵形，长3～10 cm，宽2～6 cm，一至二回羽状分裂，第一回全裂，侧裂片2～3对，椭圆形、椭圆状披针形或披针形，再次羽状全裂，稀深裂或3裂，小裂片披针形、条形或条状披针形，先端锐尖，基部渐狭成短柄，叶上面绿色，初时被蛛丝状毛，后渐稀疏或近无毛，下面密被灰白色蛛丝状绒毛，叶柄长0.5～2 cm，两侧偶有1～2枚小裂齿，基部常有小型假托叶；上部叶与苞叶卵形或长卵形，3～5全裂，裂片披针形或条形，全缘或偶有1～3枚浅裂齿，无柄。头状花序椭圆形，直径1.5～2 mm，无梗，直立或倾斜，有条形小苞叶，多数在茎上排列成狭窄或稍开展的圆锥状；总苞片3～4层，外层的较小，卵形或长卵形，背部密被蛛丝状毛，边缘狭膜质，中层的长卵形或椭圆形，背部密被蛛丝状毛，边缘宽膜质，内层的椭圆形，半膜质，背部近无毛；边缘雌花5～10枚，花冠狭管状，中央两性花6～15枚，花冠管状，檐部紫红色。花序托凸起。瘦果短圆状倒卵形。花果期8—10月。

蒙古蒿

【生境】中生植物。广布于森林草原和草原地带。生长于沙地、河谷、撂荒地上，作为杂草常侵入到耕地、路旁，有时也侵入到草甸群落中。多散生亦可形成小群聚。

【分布】鄂尔多斯市。

【用途】全草入药，可作"艾"的代用品，有温经、止血、散寒、祛湿等功效。

17. 辽东蒿

***Artemisia verbenacea*（Kom.）Kitag.**

多年生草本，高30～70 cm。主根稍明显，侧根多，根状茎短，具匍枝，常有营养枝。茎少数，成丛或单生，紫红色或深褐色，具纵条棱，上部具短小的花序分枝，茎、枝初时被灰白色蛛丝状短绒毛，后渐稀疏或近无毛。叶纸质，茎下部叶宽卵形或近圆形，一至二回羽状深裂，稀全裂，侧裂片2～3（4）对，每裂片先端具2～3浅裂齿，叶柄长1～2 cm，花期枯萎；中部叶宽卵形，长2～5 cm，宽2～4 cm，二回羽状分裂，第一回全裂，侧裂片3（4）对，每裂片再羽状全裂或深裂，小裂片长椭圆形、椭圆状披针形、稀条状披针形，先端钝尖，上面初时被灰白色蛛丝状短绒毛及稀疏的白色腺点，后脱落，近无毛，下面密被灰白色蛛丝状绵毛，叶柄长1～2 cm，两侧常有短小的裂齿或裂片，基部具假托叶；上部叶羽状全裂，侧裂片2对；苞叶3～5全裂。头状花序矩圆形或长卵形，直径2～2.5 mm，无梗，有小苞叶，多数在茎上排列成疏离、稍开展或狭窄的圆锥状；总苞片3～4层，外、中层的卵形成长卵形，背部密被灰白色蛛丝状绵毛，边缘膜质，内层的长卵形，背部毛较少，边缘宽膜质；边缘雌花3～8枚，花冠狭管状，中央两性花6～20枚，花冠管状，檐部紫红色。花序托凸起。瘦果矩圆形。花果期8—10月。

【生境】中生植物。生长于河边湿草甸。

【分布】鄂尔多斯市（伊金霍洛旗）。

辽东蒿

18. 龙蒿

***Artemisia dracunculus* L.**

半灌木状草本,高20～100 cm。根粗大或稍细,木质、垂直;根状茎粗长,木质,常有短的地下茎。茎通常多数,成丛,褐色,具纵条棱,下部木质,多分枝,开展,茎、枝初时疏被短柔毛,后渐脱落。叶无柄,下部叶在花期枯萎;中部叶条状披针形或条形,长3～7 cm,宽2～3(6) mm,先端渐尖,基部渐狭,全缘,两面初时疏被短柔毛,后无毛;上部叶与苞叶稍小,条形或条状披针形。头状花序近球形,直径2～3 mm,具短梗或近无梗,斜展或稍下垂,具条形小苞叶,多数在茎上排列成开展或稍狭窄的圆锥状;总苞片3层,外层的稍狭小,卵形,背部绿色,无毛,中、内层的卵圆形或长卵形,边缘宽膜质或全为膜质;边缘雌花6～10枚,花冠狭管状或近狭圆锥状,中央两性花8～14枚,花冠管状。花序托小,凸起。瘦果倒卵形或椭圆状倒卵形。花果期7—10月。

【生境】中生植物。广布于森林区和草原区。多生长在砂质和疏松的砂壤质土壤上。散生或形成小群聚,作为杂草也进入撂荒地和村舍、路旁。

【分布】鄂尔多斯市(鄂托克旗)。

龙蒿

19. 白沙蒿

***Artemisia sphaerocephala* Krasch.**

半灌木，高可达1 m。主根粗长，木质，垂直，侧根长而多平展，根状茎粗大，木质，具营养枝。茎通常数条，成丛，稀单一，外皮灰白色，有光泽，常薄片状剥落，后呈黄褐色、灰褐色或灰黄色；当年生枝灰白色、淡黄色或黄褐色，有时为紫红色，具纵条棱，初时被短柔毛，后脱落，叶稍肉质，干后稍硬，黄绿色；短枝上叶常密集簇生，茎下部叶与中部叶宽卵形或卵形，长2~5（8）cm，宽1.5~4 cm，一至二回羽状全裂，侧裂片2~3对，小裂片狭条形，长0.5~3 cm，宽1~2 mm，先端有小硬尖头，边缘平展或卷曲，初时两面密被灰白色短柔毛，后脱落，叶柄长3~8 mm，基部常有条形假托叶；上部叶羽状分裂或3全裂，苞叶不分裂，条形，稀3全裂。头状花序球形，直径3~4 mm，具短梗，下垂，多数在茎上排列成大型、开展的圆锥状；总苞片3~4层，外层的卵状披针形，半革质，背部黄绿色，光滑，中、内层的宽卵形或近圆形，边缘宽膜质或全为半膜质；边缘雌花4~12枚，花冠狭管状，中央两性花5~20枚，不结实，花冠管状。花序托半球形。瘦果卵形、长卵形或椭圆状卵形，长1.5~2 mm，黄褐色或暗黄绿色。花果期7—10月。

【生境】超旱生的沙生植物。生长于荒漠区及荒漠草原地带的流动或半固定沙丘上。

【分布】鄂尔多斯市（库布齐沙地）。

【用途】为优良固沙植物。枝叶也可饲用，骆驼终年乐食。瘦果入药，作消炎或驱虫药，也可食用作食品的粘着剂。

白沙蒿

20. 黑沙蒿

***Artemisia ordosica* Krasch.**

半灌木，高50～100 cm。主根粗而长，木质，侧根多；根状茎粗壮，具多数营养枝。茎多数，茎皮老时常呈薄片状剥落，多分枝，老枝黑灰色或暗灰褐色，当年生枝褐色、黄褐色、紫红色以至黑紫色，具纵条棱，茎、枝与营养枝常组成大的密丛。叶稍肉质，初时两面疏被短柔毛，后无毛，茎下部叶宽卵形或卵形，一至二回羽状全裂，侧裂片3～4对，基部裂片最长，有时再2～3全裂，小裂片丝状条形，叶柄短；中部叶卵形或宽卵形，长3～9 cm，宽2～4 cm，一回羽状全裂，侧裂片2～3对，丝状条形，长1.5～3 cm，宽0.5～1 mm；上部叶3～5全裂，丝状条形，无柄；苞叶3全裂或不分裂，丝状条形。头状花序卵形，直径1.5～2.5 mm，有短梗及小苞叶，斜生或下垂，多数在茎上排列成开展的圆锥状；总苞片3～4层，外、中层的卵形或长卵形，背部黄绿色，无毛，边缘膜质，内层的长卵形或椭圆形，半膜质；边缘雌花5～7枚，花冠狭圆锥状，中央两性花10～14枚，花冠管状。花序托半球形。瘦果倒卵形，长约1.5 mm，黑色或黑绿色。花果期7—10月。

【生境】旱生沙生植物。分布于暖温型的干草原和荒漠草原带，也进入草原化荒漠带。喜生长于固定沙丘、沙地和覆沙土壤上；是草原区沙地半灌木群落的重要建群植物。

【分布】鄂尔多斯市。

【用途】为优良的固沙植物。又为家畜冬春主要饲草，山羊、骆驼乐食。调制成的干草,绵羊、山羊、骆驼均乐食。根、茎、叶、种子均可入药,茎、叶能祛风湿、清热消肿,主治风湿性关节炎、咽喉肿痛,根能止血,种子能利尿。

21. 猪毛蒿

Artetnisia scoparia Waldst. et Kit.

多年生或近一、二年生草本，高可达1 m，植株有浓烈的香气。主根单一，狭纺锤形，垂直，半木质或木质化；根状茎粗短，常有细的营养枝。茎直立，单生，稀2~3条，红褐色或褐色，具纵沟棱，常自下部或中部开始分枝，下部分枝开展，上部枝多斜向上；茎、枝幼时被灰白色或灰黄色绢状柔毛，以后脱落。基生叶与营养枝叶被灰白色绢状柔毛，近圆形、长卵形，二至三回羽状全裂，具长柄，花期枯萎；茎下部叶初时两面密被灰白色或灰黄色绢状柔毛，后脱落，叶长卵形或椭圆形，长1.5~3.5 cm，宽1~3 cm，二至三回羽状全裂，侧裂片3~4对，小裂片狭条形，长3~5 mm，宽0.2~1 mm，全缘或具1~2枚小裂齿，叶柄长2~4 cm；中部叶矩圆形或长卵形，长1~2 cm，宽5~15 mm，一至二回羽状全裂，侧裂片2~3对，小裂片丝状条形或毛发状，长4~8 mm，宽0.2~0.3（0.5）mm；茎上部叶及苞叶3~5全裂或不分裂。头状花序小，球形或卵球形，直径1~1.5 mm，具短梗或无梗，下垂或倾斜，小苞叶丝状条形，极多数在茎上排列成大型而开展的圆锥状；总苞片3~4层，外层的草质、卵形、背部绿色、无毛，边缘膜质，中、内层的长卵形或椭圆形，半膜质；边缘雌花5~7枚，花冠狭管状，中央两性花4~10枚，花冠管状。花序托小，凸起。瘦果矩圆形或倒卵形，褐色。花果期7—10月。

【生境】旱生或中旱生植物。分布很广，在草原带和荒漠带均有分布。多生长在沙质土壤上,是夏雨型一年生层片的主要组成植物。

【分布】鄂尔多斯市。

【用途】为中等牧草,一般家畜均喜食,用其调制干草,适口性更佳。春季和秋季,绵羊和山羊乐意采食,马、牛也乐食。

22. 柔毛蒿

***Artemisia pubescens* Ledeb.**

多年生草本，高30～70 cm，通常光滑无毛。根状茎半木质，具多数须根。茎丛生或单一，直立，具纵条棱，黄褐色或带红褐色，无毛或被微毛。叶疏被或密被黄褐色长柔毛，基生叶及茎下部叶有长柄，叶长4～8（12）cm，宽1.5～2 cm，二回羽状全裂，裂片条形或条状披针形，小裂片长1.5～2.5 cm，宽0.5～1.5（3）mm，中部叶无柄或具短柄，基部具条状假托叶，一至二回羽状全裂，裂片条形或条状披针形，上部叶及花序枝上的叶常3～7全裂以至不裂，基部宽展抱茎，假托叶小。头状花序较小，长约3 mm，直径约2 mm，具短梗或长梗，多数在茎上排列成狭窄或稍扩展的圆锥状，苞叶条状，总苞片3～4层，外层者短小，卵形，边缘膜质，内层者椭圆状卵形，先端钝，背部较厚，边缘宽膜质。边缘小花雌性，（4）7～11枚，花冠管状锥形，长约1.5 mm，中央小花两性，8～15枚，花冠管状钟形，长约2 mm。花托凸起，裸露。瘦果矩圆状卵形，长约1 mm，暗褐色。花期8—10月。

【生境】旱生草本。生于森林带和草原带的山坡、林缘、灌丛、草地、沙质地。

【分布】鄂尔多斯市。

柔毛蒿

51

23. 变蒿

Artemisia commutata Bess.

多年生草本，高30～70 cm，通常光滑无毛。根状茎半木质，具多数须根。茎丛生或单一，直立，具纵条棱，黄褐色或带红褐色，无毛或被微毛。基生叶及茎下部叶有长柄，叶长4～8（12）cm，宽1.5～2 cm，二回羽状全裂，裂片条形或条状披针形，小裂片长1.5～2.5 cm，宽0.5～1.5（3）mm，中部叶无柄或具短柄，基部具条状假托叶，一至二回羽状全裂，裂片条形或条状披针形，上部叶及花序枝上的叶常3～7全裂或不分裂，基部宽展抱茎，假托叶小。头状花序宽卵形或矩圆形，长3～3.5 mm，直径（1.5）2～3 mm，具短梗或长梗，多数在茎上排列成狭窄或稍扩展的圆锥状，苞叶条状，总苞片3～4层，外层者短小，卵形，边缘膜质，内层者椭圆状卵形，先端钝，背部较厚，边缘宽膜质。边缘小花雌性，（4）7～11枚，花冠管状锥形，长约1.5 mm，中央小花两性，8～15枚，花冠管状钟形，长约2 mm。花托凸起，裸露。瘦果矩圆状卵形，长约1 mm，暗褐色。花期8—10月。

【生境】旱生草本。生于草原带和森林草原带的山坡草地、草原、森林草原、林缘、灌丛、沙质草地。

【分布】鄂尔多斯市。

变蒿

24. 糜蒿

***Artemisia blepharolepis* Bunge**

一年生草本，高20～60 cm，植株有臭味。根较细，垂直。茎单生，直立，多分枝，下部枝长，近平展，上部枝较短，斜向上，茎、枝密被灰白色短柔毛。叶两面密被灰白色柔毛，茎下部叶与中部叶长卵形或矩圆形，长1.5～4 cm，宽3～8 mm，二回栉齿状羽状分裂，第一回全裂，侧裂片5～8对，长卵形或近倒卵形，长3～5 mm，宽2～3 mm，边缘常反卷，第二回为栉齿状的深裂，裂片每侧有5～8个栉齿，叶柄长0.5～3 cm，基部有栉齿状分裂的假托叶；上部叶与苞叶栉齿状羽状深裂或浅裂或不分裂，椭圆状披针形或披针形，边缘具若干栉齿。头状花序椭圆形或长椭圆形，直径1.5～2 mm，具短梗及小苞叶，下垂，多数在茎上排列成开展的圆锥状；总苞片4～5层，外层的较小，卵形，背部绿色，疏被柔毛，边缘膜质，中、内层的长卵形，亦疏被柔毛，边缘宽膜质；边缘雌花2～3枚，花冠狭圆锥状，中央两性花3～6枚，花冠钟状管形或矩圆形。花序托凸起。瘦果椭圆形。花果期7—10月。

【生境】沙生旱中生植物。主要集中分布在阴山以南的草原地带和荒漠草原地带。喜生于沙地和覆沙土壤上，在当地常形成夏雨型一年生层片，有时单独形成小群落。

【分布】鄂尔多斯市（准格尔旗、乌审旗、鄂托克旗）。

糜蒿

25. 南牡蒿

Artemisia eriopoda **Bunge**

多年生草本，高30～70 cm。主根明显，粗短，根状茎肥厚，常呈短圆柱状，直立或斜向上，常有短营养枝。茎直立，单生或少数，具细条棱，绿褐色或带紫褐色，基部密被短柔毛，其余无毛，多分枝，开展，疏被毛。叶纸质，基生叶与茎下部叶具长柄，叶片近圆形、宽卵形或倒卵形，长4～5 cm，宽2～6 cm，一至二回大头羽状深裂或全裂或不分裂，仅边缘具数个锯齿，分裂叶有侧裂片2～3对，裂片倒卵形、近匙形或宽楔形，先端至边缘具规则或不规则的深裂片或浅裂片，并有锯齿，叶基部渐狭，楔形，叶上面无毛，下面疏被柔毛或近无毛；中部叶近圆形或宽卵形，长、宽2～4 cm，一至二回羽状深裂或全裂，侧裂片2～3对，裂片椭圆形或近匙形，先端具3深裂或浅裂齿或全缘，叶基部宽楔形，近无柄或具短柄，基部有条形裂片状的假托叶；上部叶渐小，卵形或长卵形，羽状全裂，侧裂片2～3对，裂片椭圆形，先端常有3个浅裂齿；苞叶3深裂或不分裂，裂片或不分裂的苞叶条状披针形或条形。头状花序宽卵形或近球形，直径1.5～2 mm，无梗或具短梗，具条形小苞片，多数在茎上排列成开展、稍大型的圆锥状；总苞片3～4层，外、中层的卵形或长卵形，背部绿色或稍带紫褐色，无毛，边缘膜质，内层的长卵形，半膜质；边缘雌花3～8枚，花冠狭圆锥状，中央两性花5～11枚，花冠管状。花序托凸起。瘦果矩圆形。花果期7—10月。

【生境】中旱生植物。多分布在森林草原和草原带山地，为山地草原的常见伴生种。

【分布】鄂尔多斯市。

【用途】叶供药用，主治风湿性关节炎、头痛、浮肿、毒蛇咬伤等症。

26. 牛尾蒿

Artemisia dubia Wall ex Bess.

半灌木状草本，高80～100 cm。主根较粗长，木质化，侧根多；根状茎粗壮，有营养枝。茎多数或数个丛生，直立或斜向上，基部木质，具纵条棱，紫褐色，多分枝，开展，茎、枝幼时被短柔毛，后渐脱落无毛。叶厚纸质或纸质，基生叶与茎下部叶大，卵形或矩圆形，羽状5深裂，有时裂片上具1～2个小裂片，无柄，花期枯萎；中部叶卵形，长5～11 cm，宽3～6 cm，羽状5深裂，裂片椭圆状披针形、矩圆状披针形或披针形，长2～6 cm，宽5～10 mm，先端尖，全缘，基部渐狭成短柄，常有小型假托叶，叶上面近无毛，下面密被短柔毛；上部叶与苞叶指状3深裂或不分裂，椭圆状披针形或披针形。头状花序球形或宽卵形，直径1.5～2 mm，无梗或有短梗，基部有条形小苞叶，多数在茎上排列成开展、具多级分枝大型的圆锥状；总苞片3～4层，外层的短小，外、中层的卵形或长卵形，背部无毛，有绿色中肋，边缘膜质，内层的半膜质；边缘雌花6～9枚，花冠狭小，近圆锥形，中央两性花2～10枚，花冠管状。花序托凸起。瘦果小，矩圆形或倒卵形。花果期8—9月。

【生境】中生植物。生长于山坡林缘及沟谷草地。

【分布】鄂尔多斯市（准格尔旗、乌审旗、鄂托克旗）。

【用途】地上部分作藏药，能清热解毒、利肺，主治肺热咳嗽、咽喉肿痛、气管炎。

牛尾蒿

27. 无毛牛尾蒿（变种）

Artemisia dubia Wall ex Bess. var. *subdigitata* （Mattf.）Y. R. Ling

本变种与正种的区别在于：茎、枝、叶下面初时被白色短柔毛，后脱落无毛。

【生境】中生植物。生于山坡、河边、路旁、沟谷、林缘等处。

【分布】鄂尔多斯市（准格尔旗、乌审旗、鄂托克旗）。

【用途】药用同正种。

无毛牛尾蒿(变种)

28. 华北米蒿

Artemisia giraldii Pamp.

半灌木状草本，高20～80 cm。主根粗壮，木质或稍木质化，侧根多，根状茎粗短，直立或斜向上。茎多数或少数，丛生，直立，带红紫色，具纵棱，下部稍木质化，多分枝，茎、枝幼时被柔毛，后渐稀疏或无毛。叶纸质，灰绿色，干后呈暗绿色；茎下部叶卵形或长卵形，指状3深裂，稀5深裂，裂片披针形或条状披针形，具短柄或近无柄，花期枯萎；中部叶椭圆形，长2～3（5）cm，宽1～1.5 cm，指状3深裂，裂片条形或条状披针形，长1～2 cm，宽1～2（5）mm，先端尖，边缘稍反卷或不反卷，上面疏被灰白色短柔毛，下面初时密被灰白色蛛丝状柔毛，后渐脱落，叶基部渐狭成短柄，基部无假托叶或有而不明显；上部叶与苞叶3深裂或不分裂，为条形或条状披针形。头状花序宽卵形、近球形或矩圆形，直径1.5～2 mm，具短梗，有小苞叶，下垂或斜展，多数在茎上排列成开展的圆锥状；总苞片3～4层，外层的较小，外、中层的卵形、长卵形，背部无毛，有绿色中肋，边缘宽膜质，内层的长椭圆形或长卵形，半膜质；边缘雌花4～8枚，花冠狭管状或狭圆锥状，中央两性花5～7枚，花冠管状。花序托凸起。瘦果倒卵形。花果期7—9月。

【生境】喜暖的旱生或中旱生植物。多生于暖温型森林草原和草原带的山地，为低山带半灌木群落的建群植物，少量分布在黄土高原和黄河河谷的陡崖上，有明显的嗜石特性。

【分布】鄂尔多斯市（准格尔旗）。

华北米蒿

63

29. 长梗米蒿（变种）

Artemisia giraldii Pamp. var. *longipedunculata* Y. R. Ling

本变种与正种的区别在于：茎中部与上部叶通常不分裂，稀为3深裂。头状花序具梗，梗长5~10 mm。

【生境】生境同正种。

【分布】鄂尔多斯市。

长梗米蒿(变种)